Onwumere Joseph
Eluwa Chiwendu

Criação de emprego, segurança alimentar e turismo através do agronegócio

Onwumere Joseph
Eluwa Chiwendu

Criação de emprego, segurança alimentar e turismo através do agronegócio

ScienciaScripts

Imprint
Any brand names and product names mentioned in this book are subject to trademark, brand or patent protection and are trademarks or registered trademarks of their respective holders. The use of brand names, product names, common names, trade names, product descriptions etc. even without a particular marking in this work is in no way to be construed to mean that such names may be regarded as unrestricted in respect of trademark and brand protection legislation and could thus be used by anyone.

Cover image: www.ingimage.com

This book is a translation from the original published under ISBN 978-620-2-08235-8.

Publisher:
Sciencia Scripts
is a trademark of
Dodo Books Indian Ocean Ltd. and OmniScriptum S.R.L publishing group

120 High Road, East Finchley, London, N2 9ED, United Kingdom
Str. Armeneasca 28/1, office 1, Chisinau MD-2012, Republic of Moldova, Europe
Printed at: see last page
ISBN: 978-620-7-97605-8

Desenvolver a agroindústria: o roteiro para a criação de emprego, a segurança alimentar e o desenvolvimento do turismo

***j., onwumere e **c.o., eluwah**

*Departamento de Agronegócio e Gestão da
Universidade de Agricultura Michael Okpara, Umudike, PMB 7267, Umuahia
Abia State, Nigéria.
onwumere.joseph@mouau.edu.ng

**Departamento de Agronegócio e Gestão da
Universidade de Agricultura Michael Okpara, Umudike, PMB 7267, Umuahia
Abia State, Nigéria.
chiwendu_obinna@yahoo.com

Índice

1.1 Introdução

O papel central do agronegócio como interface entre a agricultura e o sector rural não pode ser facilmente ignorado. De facto, o agronegócio tem a capacidade de criar empregos e rendimentos mais elevados, reduzir a pobreza e assumir a responsabilidade social das empresas (RSE) através das suas infra-estruturas. Fornece factores de produção aos agricultores e liga-os aos consumidores através do manuseamento geral, da transformação, do transporte, da comercialização e da distribuição de produtos agrícolas. A sinergia entre a agroindústria e as ligações agro-industriais (actividades comerciais) representa um grande potencial para o desenvolvimento da maioria rural pobre da Nigéria. Apesar da sua importância no processo de desenvolvimento, estes sectores enfrentam uma miríade de problemas, que vão desde as vicissitudes da natureza até às estranhezas das inconsistências e descontinuidades políticas (Dike, 1991, Anyanwu, 1997 e Dunmoye, 1987).

Sullivan e Ikpeze (1980) afirmam que "as mais importantes destas dificuldades são a indisponibilidade de capital financeiro, a falta de capacidade empresarial, de gestão e tecnológica, a infraestrutura socioeconómica inadequada, o desenvolvimento espacial desigual, o envolvimento estrangeiro no processo de industrialização e o problema espacial da indústria de pequena escala". Para ultrapassar estes problemas, a agroindústria está a tornar-se uma estratégia viável para o desenvolvimento nacional, tendo em conta estas razões contraditórias:

1 A agricultura emprega uma grande parte da população nigeriana.

2 A agricultura tem o potencial de estimular a industrialização e o desenvolvimento económico através da contribuição de factores, mercados e produtos.

3 O agronegócio é um imperativo de desenvolvimento e, por conseguinte, uma estratégia que coloca a maioria dos nigerianos no centro, como meio e fim do desenvolvimento.

1.2 Conceptualização

Agroindústria, agro-negócio, criação de emprego, segurança alimentar e turismo são conceitos-chave aqui explicados.

1.2.1 Agroindústria

Uma agroindústria é uma indústria especializada na transformação de produtos agrícolas. A agro-industrialização é um processo dinâmico de produção integrada e uma sinergia ou simbiose entre a agricultura e a indústria.

1.2.2 Indústria alimentar

A agroindústria é a atividade de produção agrícola. O termo foi cunhado em 1957 por Goldberg e Davis. Engloba os agroquímicos, a reprodução, a produção vegetal (agricultura e agricultura sob contrato), a distribuição, a maquinaria agrícola, a transformação e o fornecimento de sementes, bem como a comercialização e o retalho. Todos os agentes da cadeia de valor dos alimentos e fibras e as instituições que os influenciam fazem parte do sistema agroindustrial. Dentro da indústria agrícola, o termo "agroindústria" é utilizado simplesmente como um portmanteau de agricultura e negócios, referindo-se à gama de actividades e disciplinas englobadas pela produção alimentar moderna.

O agronegócio é um conceito que se tornou popular no início da década de 1960. Surgiu ao mesmo tempo que o agro-processamento foi reconhecido como um novo sector emergente. Segundo Davis (1956), o agronegócio é o conjunto de operações relacionadas com o fabrico e a distribuição de produtos agrícolas, as operações de produção nas explorações agrícolas e a transformação e distribuição de produtos e artigos.

De acordo com Mbanasor (2012), o agronegócio inclui não apenas aqueles que cultivam a terra como um negócio, mas também as pessoas e empresas que fornecem insumos, processam a produção, fabricam produtos alimentares e transportam e vendem produtos alimentares aos consumidores.

Mbanasor (2012) considerou que o agronegócio é a forma abreviada de empresa agrícola utilizada para descrever todas as organizações cujas matérias-primas de base ou produtos finais são agrícolas ou destinados à agricultura. Abrange todo o espetro da produção, transformação, distribuição e consumo agrícolas, desde os fornecedores de factores de produção até aos próprios agricultores, bem como produtores de madeira, fabricantes de mobiliário, transformadores de alimentos, embaladores de alimentos, transportadores de alimentos, empresas de comercialização de alimentos e restaurantes. Trata-se de um sistema tripartido composto pelo sector dos factores de produção agrícola, o sector da produção e o sector da transformação e do fabrico (Mbanasor, 2012).

Davis e Goldberg (1957) consideram que o agronegócio divide os componentes estruturais do processo de produção em subestruturas que podem ser geridas de forma integrada. Este conceito envolve o processo pelo qual as empresas fornecem factores de produção agrícola ou compram produtos agrícolas e os processam para posterior distribuição de acordo com um modelo integrado. O agronegócio pode ser dividido em três categorias principais: fornecimento agrícola, produção agrícola e distribuição de produtos processados.

No contexto da gestão do agronegócio nas universidades, cada elemento individual da produção e distribuição agrícola pode ser descrito como um agronegócio. No entanto, o termo "agro-negócio" enfatiza mais frequentemente a "interdependência" destes diferentes sectores dentro da cadeia de produção (Ng e Siebert, 2009).

Entre os críticos da produção alimentar em grande escala, industrializada e verticalmente integrada, o termo agronegócio é utilizado de forma negativa, como sinónimo de agricultura empresarial. Como tal, é frequentemente contrastado com as pequenas explorações agrícolas familiares.

O agronegócio na Nigéria abrange todo o espetro da produção, transformação, distribuição e consumo agrícola, desde o fornecimento de factores de produção agrícola até às próprias explorações agrícolas. Inclui produtores de madeira, fabricantes de mobiliário, transformadores de alimentos, embaladores de alimentos, transportadores de alimentos e empresas de comercialização de alimentos. Levado ao extremo, mais de 75% de todas as operações comerciais na Nigéria podem ser classificadas como agro-industriais (Onyido, 2006). Como área de aplicação prática, a agroindústria é tão antiga como a própria agricultura, mas como conceito para estudo na gestão moderna, é relativamente nova, desenvolvendo-se e tornando-se popular ao longo dos anos.

O que o torna especial é o facto de ser responsável pelo fornecimento e gestão de bens e serviços relacionados com as necessidades alimentares e de fibras da nação. A maioria das empresas agro-alimentares que operam na Nigéria pertence principalmente ao sector privado. O Instituto Nigeriano de Investigação Social e Económica (1999) observou que 41% das empresas agro-alimentares são empresas em nome individual, enquanto 41% são sociedades anónimas. Cerca de 41% são propriedade do Estado, 5% são sociedades de pessoas e 8% são sociedades anónimas.

1.2.3 Criação de emprego

A criação de emprego pode ser entendida como o processo de criação de novos postos de trabalho, nomeadamente para os desempregados. O objetivo é disponibilizar empregos mais bem remunerados.

1.2.4 Segurança alimentar

A segurança alimentar é uma condição ligada ao fornecimento de alimentos e ao acesso das pessoas aos mesmos. As preocupações com a segurança alimentar têm existido ao longo da história. Na Conferência Mundial da Alimentação de 1974, o termo "segurança alimentar" foi definido com ênfase no abastecimento. A segurança alimentar, segundo a Conferência, é a "disponibilidade permanente de um abastecimento mundial suficiente de géneros alimentícios de base para assegurar uma expansão constante do consumo alimentar e para compensar as flutuações da produção e dos preços" (Organização das Nações Unidas para a Alimentação e a Agricultura, 2003). Definições posteriores acrescentaram à definição as questões da procura e do acesso. O relatório final da Cimeira Mundial da Alimentação de 1996 afirma que a segurança alimentar "existe quando todas as pessoas, em todos os momentos, têm acesso físico e económico a alimentos suficientes, seguros e nutritivos para satisfazer as suas necessidades dietéticas e preferências alimentares para uma vida ativa e saudável" (Raj Patel, 2013; Organização das Nações Unidas para a Alimentação e a Agricultura, 2003).

A segurança alimentar de um agregado familiar existe quando todos os seus membros têm acesso, em qualquer momento, a alimentos suficientes para levar uma vida saudável e ativa (Departamento de Agricultura dos Estados Unidos, 2008). As pessoas com segurança alimentar não passam fome e não temem a inanição (Organização das Nações Unidas para a Alimentação e a Agricultura, Fundo Internacional para o Desenvolvimento Agrícola e Programa Alimentar Mundial, 2012). A insegurança alimentar, por outro lado, é uma situação caracterizada por "disponibilidade limitada ou incerta de alimentos nutricionalmente adequados e seguros ou capacidade limitada ou incerta de adquirir alimentos aceitáveis através de meios socialmente aceitáveis", de acordo com o Departamento de Agricultura dos Estados Unidos (2013). A segurança alimentar incorpora uma medida de resiliência a futuras perturbações ou indisponibilidade de fornecimentos alimentares essenciais devido a uma variedade de factores de risco, incluindo secas, perturbações no transporte marítimo, escassez de combustível, instabilidade económica e guerra (Boeing, 2016). Entre 2011 e 2013, estima-se que 842 milhões de pessoas sofreram de fome crónica (FAO, 2013). A Organização das Nações Unidas para a Alimentação e a Agricultura (FAO) definiu os quatro pilares da segurança alimentar: disponibilidade, acesso, utilização e estabilidade (FAO, 2009).

1.2.5 Turismo

O turismo é uma viagem de lazer. É também a teoria e a prática do turismo, o negócio de atrair, alojar e entreter turistas e o negócio de organizar viagens.

O turismo pode ser internacional ou ter lugar no próprio país do viajante. A Organização Mundial do Turismo (OMT) define o turismo de forma mais ampla, em termos que vão "além da perceção comum de que o turismo se limita apenas a actividades de férias", como pessoas que "viajam e permanecem em locais fora do seu ambiente habitual até um ano consecutivo para fins de lazer, negócios ou outros" (Organização Mundial do Turismo das Nações Unidas, 1995).

O turismo pode ser nacional ou internacional, e o turismo internacional tem implicações tanto de entrada como de saída para a balança de pagamentos de um país. Atualmente, o turismo é uma importante fonte de rendimento para muitos países e afecta as economias dos países de origem e de acolhimento, por vezes de forma vital.

1.3 Agroindústria na Nigéria

De acordo com Marchet *et al* (2001), as empresas agro-industriais na Nigéria representam 70% das empresas que operam no país. Num inquérito, o NISER (1999) observou que 41% das empresas agro-industriais são empresas em nome individual, enquanto 41% são sociedades por quotas. Cerca de 4% são propriedade do governo, 5% são parcerias e 8% são empresas públicas. A agroindústria na Nigéria pode ser dividida em quatro componentes: empresas de fornecimento de factores de produção agrícola, empresas de produção agrícola, empresas de transformação agroindustrial e empresas de comercialização e distribuição de alimentos.

a. Fornecimento de factores de produção agrícola: Este sector inclui os factores de produção químicos agrícolas, os fornecedores de combustíveis, adubos, pesticidas e herbicidas, os fornecedores de sementes e concentrados para rações, os fornecedores de máquinas e equipamentos agrícolas, os fabricantes de automóveis, tubos, pneus e espumas, os fornecedores de serviços de crédito e os serviços veterinários. Esta componente da oferta estende-se ao fornecimento de contentores, sacos e caixas necessários às actividades de embalagem. Os serviços de utilidade pública como água, eletricidade, telefone, hospitais, seguros, etc. são também muito importantes.

b. Empresas agrícolas produtivas: Trata-se de produtores agrícolas e de criadores de gado que são agricultores dispersos por todo o país. O crescimento desta componente depende da grande quantidade de terra disponível, da melhoria da capacidade produtiva e da complementaridade com a indústria, que absorve os excedentes de mão de obra agrícola.

c. Indústrias de transformação de alimentos: Estas incluem fábricas de conservas de alimentos e de sumos de fruta, fabricantes de cerveja, refrigerantes, bebidas à base de cacau, café e chá. Produtores de doces, chocolate, bolos e biscoitos; transformadores e/ou fabricantes de tabaco; transformadores de carne; transformadores de madeira e fabricantes e distribuidores de mobiliário, fabricantes de papel e papel tissue; fabricantes de couro e calçado; fabricantes de embalagens alimentares e de cartão; empresas de transformação de algodão, fiação, tecelagem e têxteis; empresas de transformação de flocos de milho, compotas, pão, manteiga, leite, margarina e puré de tomate; empresas de produção de óleo, sabão e pasta de dentes; empresas de pesca; empresas de transformação, embalagem e distribuição de peixe.

d. A agroindústria da comercialização e distribuição de alimentos: As empresas no país incluem lojas privadas de produtos alimentares, grossistas e retalhistas de alimentos congelados, incluindo supermercados, etc. Estas **agro-indústrias estão espalhadas por todo o país, mas concentram-se nos três principais pólos industriais da Nigéria: Kano, Kaduna, Jos, Lagos, Otta, Ibadan,** Port Estas empresas do sector alimentar estão espalhadas por todo o país, mas concentram-se nos três principais pólos industriais da Nigéria: Kano, Kaduna, Jos, Lagos, Otta, Ibadan, Port Harcourt, Aba, Nnewi e Onitsha. Entre estes contam-se a Taraku Oil Mills Limited, a Abakiliki Rice Processors, o Sorghum Out-grower Scheme com a Guinness Plc. etc.

1.4 Quadro agroindustrial para o desenvolvimento económico

Olayida *et al* (1981) argumentam que as ligações agro-industriais constituem uma estratégia que valoriza o papel da agro-industrialização no processo de desenvolvimento de uma economia, estimulando a transição para uma economia modernizada; a utilização óptima de recursos escassos; a complementaridade entre pequenos agricultores e grandes unidades de produção; o aumento das oportunidades de emprego não-agrícola e a descentralização geográfica da indústria e das longas aglomerações industriais. A viabilidade deste quadro depende da capacidade da economia para apoiar a própria agroindústria através de uma complementaridade dinâmica entre as componentes agrícolas e não-agrícolas que têm o potencial de concretizar este quadro.

A base para este quadro é justificada por Todaro e Smith (2011), que argumentam que o desenvolvimento rural, embora dependa principalmente do progresso da agricultura de pequena escala, envolve muito mais. Engloba:

(a) Esforços para aumentar os rendimentos reais das explorações agrícolas e não agrícolas através da criação de emprego, da industrialização rural e de outras oportunidades não agrícolas, bem como da melhoria da educação, da saúde e da nutrição, da habitação e de uma série de serviços sociais e de bem-estar conexos;

(b) Uma redução da desigualdade na distribuição do rendimento rural e uma redução dos desequilíbrios urbano-rurais em termos de rendimento e de oportunidades económicas;

(c) especial atenção à necessidade de preservar o ambiente, limitando a expansão das terras agrícolas para as florestas remanescentes e outras zonas frágeis, promovendo a conservação e impedindo a utilização abusiva e prejudicial de produtos agroquímicos e outros factores de produção; e

(d) a capacidade do sector rural para manter e acelerar o ritmo destas melhorias ao longo do tempo.

Dado o processo da cadeia de valor através do emprego, do rendimento, dos mercados e da redução da pobreza através da agroindústria, o sector rural pode alcançar um crescimento sustentável aumentando o equilíbrio entre os sectores agrícola e não agrícola:

a. **Emprego:** O sector agroalimentar é capaz de criar emprego direto (nas explorações) e indireto (fora das explorações) a partir da abundante mão de obra rural. Através da criação de emprego, melhora e expande o mercado e a procura de produtos agrícolas, tal como o crescimento do sistema agroalimentar comercial nas zonas rurais é capaz de estimular o crescimento económico. A eficiência e a expansão do manuseamento, transformação e comercialização pós-colheita é um fator importante na ação de dois gumes que consiste em fornecer alimentos e empregos à população.
b. **Geração de rendimentos/redução da pobreza:** O valor comercial da agricultura é capaz de gerar rendimentos mais elevados. Estes novos níveis de rendimento são capazes de transformar os pequenos agricultores em agricultores de grande escala. O mercado alargado aumenta o poder financeiro dos fornecedores de factores de produção e o mercado das empresas de transformação. No entanto, a sustentabilidade dos rendimentos do agronegócio depende em grande medida da ligação dinâmica entre os sectores agrícola e não agrícola. Quando estas receitas são transformadas em excedentes que podem ser investidos, estimulam o crescimento das economias rurais não agrícolas, o que se torna um fator importante na redução da pobreza rural.
c. **Segurança alimentar:** Uma agroindústria próspera é capaz de assegurar a disponibilidade e o

direito da população a alimentos suficientes em qualquer altura para garantir uma vida saudável. A agroindústria deve garantir a disponibilidade de alimentos (através do abastecimento) e incentivar o direito da população a uma abundância de produtos alternativos (Haruna, 2011).

d. **Complementaridade/transformação estrutural:** uma ligação estratégica entre os sectores agrícola e não agrícola cria uma estrutura de produção integrada e um equilíbrio entre grandes e pequenas unidades de produção. Uma agroindústria dinâmica alimenta o crescimento do sector rural não-agrícola através de uma série de ligações, enquanto a agricultura necessita de inputs de empresas não-agrícolas. O sector rural não agrícola cria uma integração para trás e ligações para a frente que conduzem a um rápido processo de transformação estrutural.

e. **Responsabilidade social das empresas:** Espera-se que as grandes empresas de transformação cumpram a sua responsabilidade social para com as comunidades que as acolhem, para além de satisfazerem as necessidades nutricionais através de produtos de qualidade. Justificando a missão da Taraku Mills Limited (uma empresa de transformação agroalimentar) em Benue, o Conselho de Administração declarou em 2004 que "... como baluarte da agricultura e da indústria, a empresa vai ao encontro do agricultor nas zonas rurais, coordena as suas actividades como cooperativa agrícola fornecendo determinados factores de produção e regressa na altura da colheita para comprar os produtos e acrescentar valor à família do agricultor".

O melhor cenário para o desenvolvimento rural seria que a maioria dos pobres tivesse passado de condições consideradas insatisfatórias para melhores padrões de valor e subsistência. Nesse momento, a agroindústria teria sido capaz de gerar maior disponibilidade dos elementos básicos da vida e oferecer as oportunidades geradas pela agroindústria (empregos, etc.). As populações teriam tido o impacto de espirais cumulativas (melhoradas economicamente) para se libertarem da servidão e serem capazes de se defenderem sozinhas sem dependerem necessariamente do governo.

1.5 Obstáculos à agroindústria na Nigéria

Marchet *et al* (2001) atribuíram os constrangimentos endógenos da agroindústria à baixa utilização da capacidade, ao capital de exploração inadequado, à fraca articulação política, etc.

1. Capital de exploração insuficiente: Trata-se de uma escassez de fundos, de matérias-primas e de mão de obra. Num estudo sobre as empresas agro-industriais na Nigéria, Marchet *et al* (2001) argumentam que o problema do financiamento vem em primeiro lugar, agravando os outros problemas. Sem a base de capital necessária, a agroindústria não pode prosperar ou gerar desenvolvimento económico. A falta de incentivos ao crédito agravou este problema.

2. Infra-estruturas inadequadas: O estado das infra-estruturas, incluindo eletricidade, abastecimento de água, comunicações e infra-estruturas comuns, tais como armazéns (lojas), unidades de secagem, laboratórios de ensaio e estações de tratamento de águas residuais, influencia em grande medida o crescimento do agronegócio. Marchet *et al* (2001) afirmam que o problema das infra-estruturas é 2 Ц vezes "mais grave do que o problema seguinte - o financiamento".

3. Má articulação política: A má articulação política engloba apoio insuficiente, incertezas/inconsistências políticas ou fracasso da política agrícola resultante de arranjos institucionais deficientes. Este problema ocupa o terceiro lugar na classificação dos constrangimentos ao agronegócio. Idachaba (2000) argumenta que não tem havido uma política separada para o agronegócio, para além dos breves objectivos estabelecidos no documento da Política Agrícola da Nigéria de 1988 para a transformação de produtos agrícolas. Isto resultou em actividades governamentais imprevisíveis.

4. Falta de tecnologia adequada: A utilização de tecnologias demasiado obsoletas ou demasiado sofisticadas tende a provocar o fracasso da ligação devido à falta de conhecimentos e aos custos de manutenção. Quando a tecnologia é demasiado avançada para a mão de obra local, torna-a inútil, ao passo que as tecnologias que consomem muita energia reduzem a produção devido ao elevado custo do combustível.

5. Constrangimentos ao nível das explorações agrícolas: A restante produção dos pequenos agricultores não tem fronteiras de produção hegemónicas e a dispersão geográfica dos agricultores constitui um custo elevado da produção em massa. Com incentivos insuficientes e políticas públicas aleatórias ou imprevisíveis, a componente agrícola da agroindústria é confrontada com crises sazonais que criam mais incerteza para o sector não agrícola.

1.6 Abordagens para a criação de emprego

As abordagens à criação de emprego são: despesas públicas/estímulo, legislação governamental e políticas monetárias/fiscais, abordagem da quota de mercado e abordagem de novas ideias.

1.7 Os desafios da criação de emprego

Os desafios a enfrentar incluem

- **a.** Infra-estruturas deficientes
- **b.** Falta de acesso a factores de produção, tais como financiamento e espaço de trabalho
- **c.** Falta de acesso a serviços de desenvolvimento empresarial (BDS)
- **d.** Alterações na política governamental
- **e.** Falta de atitude por parte dos nigerianos, etc.

1.8 Segurança alimentar na Nigéria

Na década de 1940 e no início da década de 1950, a Nigéria não enfrentava o problema da insegurança alimentar. O sistema era capaz de alimentar os seus cidadãos e, ao mesmo tempo, exportar excedentes alimentares. Cada região do país especializava-se na produção de uma ou duas culturas principais, quer se tratasse de culturas alimentares ou de culturas de rendimento, e o país no seu conjunto era relativamente autossuficiente em termos de produção alimentar. A Nigéria tinha pirâmides de amendoim no norte, plantações de cacau no oeste, plantações de óleo de palma e de amêndoa no leste e plantações de borracha no centro-oeste (Tell, 2009). Mas quando o petróleo foi descoberto em 1956 e as exportações começaram em 1958, as coisas começaram a mudar gradualmente, depois furiosamente. Foi como se tivesse sido decretado um feriado para as enxadas e as catanas. Com a subida dos preços do petróleo, o interesse pela agricultura diminuiu, marcando o início do declínio para o abismo enquanto sociedade e a génese da insegurança alimentar na Nigéria.

1.9 Os pilares da segurança alimentar

Em 2009, a Cimeira Mundial sobre Segurança Alimentar declarou que os "quatro pilares da segurança alimentar são a disponibilidade, o acesso, a utilização e a estabilidade" (Organização das Nações Unidas para a Alimentação e a Agricultura, 2009).

1.9.1 Disponibilidade

A disponibilidade alimentar está ligada ao fornecimento de alimentos através da produção, distribuição e troca (Gregory, Ingram e Brklacich, 2005). A produção alimentar é determinada por uma variedade de factores, incluindo a propriedade e a utilização da terra, a gestão dos solos, a reprodução, a criação e a gestão das culturas, a criação e a gestão dos animais e a colheita (FAO, 1997). A produção agrícola pode ser afetada por alterações na precipitação e na temperatura (Gregory *et al.,* 2005). A utilização da terra, da água e da energia para cultivar alimentos compete frequentemente com outras utilizações, o que pode afetar a produção alimentar (Godfray, Beddington, Crute, Haddad, Lawrence, Muir, Pretty, Robinson, Thomas e Toulmin, 2010). As terras utilizadas para a agricultura podem ser utilizadas para a urbanização ou perder-se para a desertificação, a salinização e a erosão dos solos devido a práticas agrícolas insustentáveis (Godfray *et al.*, 2010). A produção agrícola não é necessária para que um país alcance a segurança alimentar. Os países não precisam de ter os recursos naturais necessários para produzir colheitas para alcançar a segurança alimentar. Uma vez que os consumidores de alimentos superam os produtores de alimentos em todos os países, os alimentos devem ser distribuídos para diferentes regiões ou nações. A distribuição de alimentos envolve o armazenamento, processamento, transporte, embalagem e comercialização de alimentos (FAO, 1997; Tweeten, 1999). A infraestrutura da cadeia alimentar e as tecnologias de armazenamento nas explorações agrícolas também podem influenciar a quantidade de alimentos desperdiçados durante o processo de distribuição (Godfray *et al.*, 2010). Uma infraestrutura de transporte deficiente pode aumentar o custo do abastecimento de água e fertilizantes, bem como o custo de levar os alimentos aos mercados nacionais e globais (Godfray *et al.*, 2010). Em todo o mundo, poucos indivíduos ou agregados familiares são continuamente auto-suficientes no que respeita à alimentação. Por conseguinte, é necessário recorrer à troca direta, à troca ou à economia monetária para adquirir géneros alimentícios (Gregory *et al.*, 2005). A troca de alimentos exige sistemas de comércio e instituições de mercado eficientes, que podem afetar a segurança alimentar (Ecker e Breisinger, 2012). A disponibilidade global de alimentos per capita é mais do que suficiente para garantir a segurança alimentar para todos, pelo que a acessibilidade aos alimentos é um dos principais obstáculos à segurança alimentar (Tweeten, 1999).

1.9.2 Acesso

O acesso aos alimentos refere-se à acessibilidade e à distribuição dos alimentos, bem como às preferências dos indivíduos e dos agregados familiares (Gregory *et al.*, 2005). O Comité das Nações Unidas para os Direitos Económicos, Sociais e Culturais observou que as causas da fome e da subnutrição não são frequentemente a falta de alimentos, mas a incapacidade de aceder aos alimentos disponíveis, geralmente devido à pobreza (Comité das Nações Unidas para os Direitos Económicos, Sociais e Culturais, 1999). A pobreza pode limitar o acesso aos alimentos e aumentar a vulnerabilidade de um indivíduo ou de um agregado familiar ao aumento dos preços dos alimentos (Ecker e Breisinger, 2012). O acesso depende do facto de o agregado familiar ter rendimento suficiente para comprar alimentos aos preços em vigor ou de ter terra e outros recursos suficientes para cultivar os seus próprios alimentos (Garrett e Ruel, 1999). Os agregados familiares com recursos suficientes podem ultrapassar a instabilidade das colheitas e a escassez local de alimentos e manter o seu acesso aos alimentos (Tweeten, 1999).

Existem dois tipos distintos de acesso aos alimentos: o acesso direto, em que uma família produz alimentos utilizando recursos humanos e materiais, e o acesso económico, em que uma família compra alimentos produzidos noutro local (FAO, 1997). A localização geográfica pode influenciar o acesso aos alimentos e o tipo de acesso que uma família irá utilizar (Garrett e Ruel, 1999). Os bens do agregado familiar, incluindo o rendimento, a terra, os produtos do trabalho, as heranças e os presentes, podem determinar o acesso do agregado familiar aos alimentos (FAO, 1997). No entanto, a capacidade de aceder a alimentos suficientes pode não levar à compra de alimentos em vez de outros materiais e serviços (Ecker e Breisinger, 2012). As características demográficas e o nível de educação dos membros do agregado familiar, bem como o género do chefe de família, determinam as preferências do agregado familiar, que influenciam o tipo de alimentos comprados (Garrett e Ruel, 1999). O acesso de um agregado familiar a alimentos suficientes e nutritivos pode não garantir uma ingestão alimentar adequada para todos os membros do agregado familiar, uma vez que a distribuição dos alimentos no agregado familiar pode não satisfazer suficientemente as necessidades de cada membro do agregado familiar (Ecker e Breisinger, 2012). O USDA acrescenta que o acesso aos alimentos deve ser efectuado através de meios socialmente aceitáveis, sem recorrer, por exemplo, a reservas alimentares de emergência, à procura de alimentos, ao roubo ou a outras estratégias de sobrevivência (USDA, 2008).

1.9.3 Utilização

O próximo pilar da segurança alimentar é a utilização dos alimentos, que se refere ao metabolismo dos alimentos pelos indivíduos (Tweeten, 1999). Uma vez que os alimentos são obtidos por um agregado familiar, vários factores afectam a quantidade e qualidade dos alimentos que chegam aos membros do agregado familiar. Para alcançar a segurança alimentar, os alimentos ingeridos devem ser seguros e suficientes para satisfazer as necessidades fisiológicas de cada indivíduo (Ecker e Breisinger, 2012). A segurança alimentar influencia a utilização dos alimentos e pode ser afetada pela preparação, processamento e confeção dos alimentos na comunidade e no agregado familiar (Gregory *et al.*, 2005; FAO, 1997). Os valores nutricionais do agregado familiar determinam a escolha dos alimentos, e o facto de os alimentos satisfazerem as preferências culturais é importante para a utilização em termos de bem-estar psicológico e social (Gregory *et al.*, 2005; FAO, 1997; Loring e Gerlach, 2009). O acesso aos cuidados de saúde é outro fator determinante da utilização dos alimentos, uma vez que a saúde dos indivíduos determina a forma como os alimentos são metabolizados (FAO, 1997). Por exemplo, os parasitas intestinais podem remover nutrientes do corpo e reduzir a utilização dos alimentos (Tweeten, 1999). O saneamento também pode reduzir a ocorrência e a propagação de doenças que podem afetar a utilização dos alimentos (FAO, 1997). A educação em nutrição e preparação de alimentos pode influenciar a utilização dos alimentos e melhorar este pilar da segurança alimentar (Tweeten, 1999). A educação dá poder às pessoas e aumenta a sua consciencialização sobre a segurança alimentar.

1.9.4 Estabilidade

A estabilidade alimentar refere-se à capacidade de obter alimentos ao longo do tempo. A insegurança alimentar pode ser transitória, sazonal ou crónica (FAO, 1997). Na insegurança alimentar transitória, os alimentos podem não estar disponíveis durante determinados períodos (Ecker e Breisinger, 2012). Em termos de produção alimentar, as catástrofes naturais e a seca conduzem a colheitas fracas e a uma menor disponibilidade de alimentos (Ecker e Breisinger, 2012; FAO, 1997). Os conflitos civis também podem reduzir o acesso aos alimentos (FAO, 1997; Ecker e Breisinger, 2012). A instabilidade do mercado, que leva ao aumento dos preços dos alimentos, pode causar insegurança alimentar transitória. A perda de emprego ou de produtividade, que pode ser causada por doença, é outro fator suscetível de causar insegurança alimentar temporária. A insegurança alimentar sazonal pode resultar da regularidade das épocas de cultivo para a produção de alimentos (FAO, 1997).

A insegurança alimentar crónica (ou permanente) é definida como a falta persistente e a longo prazo de alimentos adequados (Ecker e Breisinger, 2012). Neste caso, os agregados familiares estão em risco constante de não poderem adquirir os alimentos de que necessitam para satisfazer as necessidades de todos os seus membros. A insegurança alimentar crónica e a insegurança alimentar transitória estão ligadas, uma vez que o reaparecimento da insegurança alimentar transitória pode tornar as famílias mais vulneráveis à insegurança alimentar crónica (FAO, 1997).

1.10 Os desafios para alcançar a segurança alimentar

A convergência de muitos factores está a contribuir para o desafio da segurança alimentar: subnutrição, crescimento da população, tendências de consumo, produção agrícola, alterações climáticas e escassez de água.

1.11 Potencial para melhorar a segurança alimentar

As principais formas de enfrentar os desafios da segurança alimentar mundial são: honrar as vantagens comparativas, promover a abertura dos mercados, apoiar os pequenos agricultores, promover a agricultura africana, reformar os mandatos relativos aos biocombustíveis, adotar tecnologias, melhorar a nutrição, promover a cooperação público-privada, incentivar o investimento e harmonizar as normas de segurança alimentar.

1.12 Efeitos da insegurança alimentar

A fome e a carestia estão ambas enraizadas na insegurança alimentar. A insegurança alimentar crónica significa um elevado grau de vulnerabilidade à fome e à carestia; garantir a segurança alimentar significa eliminar esta vulnerabilidade (Ayalew, 2013).

1.13 Turismo na Nigéria

O turismo na Nigéria é principalmente orientado para eventos, devido ao grande número de grupos étnicos presentes no país, mas também inclui a floresta tropical, a savana, as cascatas e outras atracções naturais (Archibong, 2004). O sector sofre com a má qualidade da eletricidade, das estradas e da água no país. O sector do turismo é regulado pelo Ministério da Cultura, Turismo e Orientação Nacional (Organização das Nações Unidas para a Educação, Ciência e Cultura, 2007). Nos últimos anos, os carnavais tornaram-se uma grande atração para os visitantes, especialmente em Port Harcourt e Calabar, em dezembro de cada ano. O Conselho Mundial de Viagens e Turismo estima que o turismo e as receitas relacionadas com as viagens na Nigéria ultrapassarão os 10 mil milhões de dólares em 2007, representando cerca de 6% do produto interno bruto (Conselho Mundial de Viagens e Turismo, 2007). O turismo é uma parte cada vez mais vital da economia nigeriana. O turismo proporciona emprego aos residentes locais, o que também beneficia o destino. A Nigéria apercebeu-se dos benefícios que pode retirar deste sector. Graças ao crescimento da sua economia e à sua promoção como uma nação culturalmente rica e diversificada, a indústria do turismo nigeriana contribui atualmente com milhões de dólares para a economia todos os anos.

Em 2010, mais de 100 milhões de pessoas vivem na Nigéria, o que a torna o país mais populoso de África e o mais populoso da raça negra. O turismo está a tornar-se cada vez mais uma parte vital da economia nigeriana com a rápida expansão e crescimento da indústria hoteleira, embora a maioria da população seja urbana, com as zonas rurais a desenvolverem-se gradualmente e a trabalharem ainda na agricultura. A economia nigeriana baseada nos serviços floresceu, sobretudo nos últimos 20 anos, à medida que a Nigéria liberalizou os seus mercados.

O sector dos serviços emprega cerca de 30% da força de trabalho nigeriana, mas fornece quase metade da produção do país. A Nigéria tem confiado na sua força de trabalho bem treinada e de língua inglesa para desenvolver um sector tecnológico em expansão. O turismo é uma parte crescente da economia nigeriana, com receitas que aumentaram mais de 10% desde 2010.

Em 2011, mais de 2 milhões de turistas visitaram a Nigéria, com as várias cruzadas e conferências internacionais da igreja, bem como os investidores estrangeiros em turismo de negócios, a representarem a maior parte dos turistas e a gastarem o equivalente a 3,7 milhões de dólares, prevendo-se que este número aumente 10% em relação ao ano anterior.

Os turistas são atraídos pela diversidade cultural, paisagens e festivais da Nigéria. Todas as regiões da Nigéria têm algo para oferecer aos visitantes estrangeiros, quer se trate da fazenda de gado de Obudu, do sulco de Osun Osogbo, do rochedo de Olumo, das cascatas de Agbokim em Calabar ou de uma série de praias e cidades costeiras. Os turistas estrangeiros não são os únicos a visitar a Nigéria desde que a Nigerian Tourism Development Corporation (NTDC) os sensibilizou, os próprios nigerianos também começaram a tirar mais férias no seu país.

1.14 Tipos de turismo e atracções turísticas na Nigéria

Em 1994, as Nações Unidas classificaram três formas de turismo nas suas recomendações sobre estatísticas do turismo:

- O turismo interno, que diz respeito aos residentes de um determinado país que viajam apenas no interior desse país.
    - O turismo interno, que envolve a deslocação de não residentes a um determinado país.
    - O turismo emissor, que envolve a deslocação de residentes a outro país.

Eis alguns tipos de turismo:

-I- Viagens de lazer

O turismo de lazer é também conhecido como turismo de prazer ou turismo de férias. Trata-se de um tipo de turismo em que uma pessoa vai de férias e não viaja por motivos profissionais. Neste caso, o objetivo do turismo é a recreação.

Os viajantes em lazer procuram sol, mar e areia. Querem apanhar banhos de sol, nadar e mergulhar. Por isso, vão para estâncias balneares ou colónias de férias e ficam alojados em hotéis de férias.

Os viajantes em lazer apreciam o entretenimento organizado e o desporto. Num hotel resort, existem sempre piscinas, balneários, campos de ténis, discotecas, etc. Um hotel resort oferece aos seus hóspedes competições, concertos, espectáculos e programas de entretenimento para crianças. Normalmente, oferece excursões e visitas a várias atracções, locais ou parques temáticos.

-I- Turismo de massas

O turismo de massas é uma forma de turismo que envolve dezenas de milhares de pessoas que viajam para o mesmo destino de férias, muitas vezes na mesma altura do ano. É a forma mais popular de turismo, uma vez que é frequentemente a forma mais económica de passar férias, sendo muitas vezes vendida como um pacote. Estes pacotes incluem viagens/voos, actividades, alojamento e, por vezes, alimentação (pensão completa, quando todas as refeições estão incluídas, meia pensão, quando estão incluídas duas refeições por dia, e autosserviço, quando se cozinha para si próprio).

-I- Turismo rural

O turismo rural centra-se na participação ativa num modo de vida rural. Pode ser uma variante do ecoturismo. Muitas aldeias rurais podem facilitar o turismo, uma vez que muitos habitantes são hospitaleiros e estão dispostos a receber (e por vezes até a alojar) os visitantes. A agricultura está a tornar-se cada vez mais mecanizada, exigindo menos trabalho manual. Esta tendência está a exercer pressão económica sobre algumas aldeias, incentivando os jovens a deslocarem-se para as zonas urbanas. No entanto, uma parte da população urbana está interessada em visitar as zonas rurais e compreender o seu modo de vida.

-I- Turismo adjetival

O turismo adjetival refere-se às muitas formas de turismo de nicho ou de especialidade que surgiram ao longo dos anos, cada uma com o seu próprio adjetivo. Muitas destas formas tornaram-se comuns na indústria do turismo e nos círculos académicos. Outros são conceitos emergentes que podem ou não tornar-se populares. Alguns dos nichos turísticos mais comuns são: agroturismo, turismo culinário, turismo cultural, ecoturismo, turismo radical, geoturismo, turismo patrimonial, turismo médico, turismo náutico, turismo pop-cultural e turismo religioso;

turismo em bairros de lata, turismo espacial, turismo de guerra e turismo de vida selvagem.

a. Turismo culinário

O turismo culinário ou turismo gastronómico é a exploração da alimentação como um objetivo do turismo (Long, 2004). Atualmente, é considerada uma parte essencial da experiência turística (McKercher *et al.,* 2008). Os turistas vão frequentemente a restaurantes e "a comida é considerada tão importante como o clima, o alojamento e a paisagem" (McKercher *et al.,* 2008).

O turismo culinário ou gastronómico é a procura de experiências únicas e memoráveis de comida e bebida, tanto perto como longe (Thirsty Swagman, 2017). O turismo gastronómico difere do agroturismo na medida em que o turismo gastronómico é considerado um subconjunto do turismo cultural (a cozinha é uma manifestação da cultura), enquanto o agroturismo é considerado um subconjunto do turismo rural (Wolf, 2006), mas o turismo gastronómico e o agroturismo estão indissociavelmente ligados, uma vez que as sementes da cozinha se encontram na agricultura.

b. Turismo extremo

O turismo extremo (muitas vezes referido como turismo de choque, embora os dois conceitos não sejam rigorosamente semelhantes) é um nicho da indústria do turismo que envolve viagens a locais perigosos (montanhas, selvas, desertos, grutas, desfiladeiros, etc.) ou a participação em eventos perigosos. O turismo radical confunde-se com o desporto radical. Ambos têm em comum a atração principal, a "adrenalina" provocada por um elemento de risco, e diferem principalmente no grau de empenho e profissionalismo.

c. Geoturismo

O geoturismo é definido como o turismo que apoia ou melhora o carácter geográfico distintivo de um local, o seu ambiente, património, estética, cultura e o bem-estar dos seus residentes.

d. Turismo patrimonial

O turismo do património cultural consiste em viajar para descobrir lugares, artefactos e actividades que representam autenticamente as histórias e as pessoas do passado e do presente. Engloba recursos culturais, históricos e naturais (National Trust for Historic Preservation, 2014).

e. Turismo náutico

O turismo náutico é um turismo que combina a vela e a navegação com actividades de férias e estâncias. Pode consistir em viajar de um porto para outro num barco de cruzeiro, participar em eventos centrados em barcos, tais como regatas, ou desembarcar de um pequeno barco para almoçar ou para outras actividades de lazer em locais de desembarque diurno especialmente equipados. Esta forma de turismo é geralmente mais popular no verão.

f. Turismo cultural

O turismo de cultura popular consiste em viajar para locais que figuram na literatura, no cinema, na música ou em qualquer outra forma de comunicação social popular. É também designado por "férias no local".

g. Turismo religioso

O turismo religioso, também vulgarmente conhecido como turismo de fé, é um tipo de turismo em que as pessoas viajam individualmente ou em grupo para fins de peregrinação, missão ou lazer (camaradagem). A maior forma de turismo religioso de massas no mundo tem lugar durante a peregrinação anual Hajj a Meca, na Arábia Saudita.

h. Turismo nos bairros de lata

O turismo em bairros degradados ou guetos é um tipo de turismo que consiste em visitar zonas desfavorecidas. [th]Inicialmente centrado nos bairros de lata de Londres e Manhattan no século XIX, o turismo em bairros de lata está agora cada vez mais difundido em muitos países, incluindo África do Sul, Índia, Brasil, Quénia, Indonésia, Detroit, etc.

i. Turismo espacial

O turismo espacial é uma viagem ao espaço para fins recreativos, de lazer ou de negócios. Até à data, apenas o turismo espacial orbital foi desenvolvido pela Agência Espacial Russa, embora estejam em curso esforços para desenvolver veículos de turismo espacial suborbital pela Blue Origin e pela Virgin Galactic.

j. Turismo de guerra

O turismo de guerra é uma viagem recreativa a zonas de guerra activas ou antigas para fins turísticos ou de estudo histórico. O turismo de guerra é também um termo pejorativo para descrever a procura de emoções em locais perigosos e proibidos.

k. Turismo animal

O turismo de vida selvagem pode ser um turismo que respeita o ambiente e os animais, geralmente mostrando os animais no seu habitat natural. No seu sentido mais simples, o turismo de vida selvagem consiste em observar animais selvagens no seu habitat natural.

-l- Turismo sustentável

Há uma miríade de definições de turismo sustentável, incluindo ecoturismo, viagens ecológicas, turismo ecológica e culturalmente responsável, comércio justo e viagens éticas. A definição mais amplamente aceite é a da Organização Mundial do Turismo. Esta define o turismo sustentável como um turismo que conduz à gestão de todos os recursos de forma a que as necessidades económicas, sociais e estéticas possam ser satisfeitas, preservando simultaneamente a integridade cultural, os processos ecológicos essenciais, a diversidade biológica e os sistemas de suporte de vida.

Além disso, descrevem o desenvolvimento do turismo sustentável como um processo que satisfaz as necessidades dos turistas actuais e das comunidades de acolhimento, ao mesmo tempo que protege e melhora as necessidades futuras (Organização Mundial do Turismo, 1996).

O turismo sustentável pode ser visto como tendo em conta as capacidades de carga ecológicas e socioculturais e envolve a participação da comunidade de destino no planeamento do desenvolvimento do turismo. Implica também a integração do turismo nas actuais políticas económicas e de crescimento, a fim de atenuar alguns dos impactos económicos e sociais negativos do "turismo de massas". Murphy (1985) defende a utilização de uma "abordagem ecológica", para ter em conta tanto as "plantas" como as "pessoas" aquando da implementação do processo de desenvolvimento do turismo sustentável. Esta abordagem opõe-se às abordagens "impulsionadora" e "económica" do planeamento turístico, que não têm em conta os efeitos ecológicos ou sociológicos nocivos do desenvolvimento turístico num destino.

No entanto, Butler (2006) questiona a utilização do termo "sustentável" no contexto do turismo, citando a sua ambiguidade e afirmando que "o aparecimento da filosofia do desenvolvimento sustentável nos anos 90 pode ser visto como uma extensão da perceção mais ampla de que uma preocupação com o crescimento económico sem ter em conta as suas consequências sociais e ambientais é auto-destrutiva a longo prazo". Assim, o "desenvolvimento sustentável do turismo" raramente é visto como uma função autónoma de regeneração económica distinta do crescimento económico geral.

-I- Turismo para os pobres

O turismo a favor dos pobres foi concebido para ajudar as pessoas mais pobres dos países em desenvolvimento e tem sido objeto de uma atenção crescente por parte da comunidade de desenvolvimento. A questão tem sido abordada através de projectos de pequena escala em comunidades locais ou por ministérios do turismo que tentam atrair um grande número de turistas.

-I- Turismo de recessão

O turismo de recessão é uma tendência de viagem que se desenvolveu na sequência da crise económica mundial. Muitos locais de turismo de recessão viram o seu negócio explodir durante a recessão, graças a um custo de vida comparativamente baixo e a um mercado de trabalho global pouco dinâmico, o que sugere que os viajantes estão a prolongar as suas viagens para fazer com que o seu dinheiro viaje mais.

-I- Turismo médico

Quando existe uma diferença significativa de preços entre países para um determinado procedimento médico, particularmente no Sudeste Asiático, na Índia e na Europa de Leste, e quando existem diferentes regimes regulamentares em relação a procedimentos médicos específicos (por exemplo, medicina dentária), viajar para tirar partido das diferenças de preços ou regulamentares é frequentemente referido como "turismo médico".

-I- Turismo pedagógico

O turismo pedagógico desenvolveu-se na sequência da crescente popularidade do ensino e da aprendizagem de conhecimentos e da melhoria das competências técnicas fora do ambiente escolar. No turismo pedagógico, o principal objetivo da viagem ou da atividade de lazer é visitar outro país para conhecer a sua cultura, como nos programas de intercâmbio de estudantes e nas viagens de estudo, ou trabalhar e aplicar as competências aprendidas na sala de aula num ambiente diferente, como no Programa Internacional de Formação Prática.

-I- Turismo criativo

O turismo criativo existe como uma forma de turismo cultural desde os primórdios do próprio turismo. O turismo criativo é definido como o turismo ligado à participação ativa dos viajantes na cultura da comunidade de acolhimento, através de workshops interactivos e experiências de aprendizagem informal. Entretanto, o conceito de turismo criativo foi adotado por organizações importantes como a UNESCO, que, através da Rede de Cidades Criativas, aprovou o turismo criativo como uma experiência empenhada e autêntica que promove uma compreensão ativa das características culturais específicas de um local. Mais recentemente, o turismo criativo ganhou popularidade como uma forma de turismo cultural, baseada na participação ativa dos viajantes na cultura das comunidades de acolhimento que visitam. Vários países oferecem exemplos deste tipo de desenvolvimento turístico, incluindo o Reino

Unido, as Bahamas, a Jamaica, a Espanha, a Itália e a Nova Zelândia.

-I- Turismo desportivo

Desde o final dos anos 80, o turismo desportivo tem vindo a tornar-se cada vez mais popular. Eventos como o râguebi, os Jogos Olímpicos, os Jogos da Commonwealth, os Jogos Asiáticos e os Campeonatos do Mundo de Futebol permitiram às agências de viagens especializadas garantir bilhetes oficiais e vendê-los como parte de pacotes que incluem voos, hotéis e excursões.

-I- Turismo ambiental

Com a crescente consciencialização da fragilidade do nosso planeta e da sua beleza, não é de surpreender que a procura de viagens para ambientes únicos e notáveis em todo o mundo também tenha aumentado, o que é conhecido como turismo ambiental. O turismo ambiental é o fenómeno do aumento das viagens para locais de interesse ambiental. Trata-se de uma viagem centrada no ambiente ecológico do destino, que é normalmente um local repleto de beleza e maravilhas naturais.

O turismo ambiental pode incluir viagens a zonas únicas e ameaçadas, como as Ilhas Galápagos. Para além de visitarem locais pela sua singularidade, muitas pessoas praticam o turismo ambiental no âmbito de uma missão de volunturismo, uma forma de turismo em que as pessoas se deslocam a um destino por um curto período de tempo para fazer voluntariado. No caso do turismo ambiental, o volunturismo envolve a deslocação a uma área ecologicamente frágil do mundo para oferecer ajuda na sua reparação, por exemplo, através da limpeza de um derrame de petróleo.

O conceito de turismo ambiental baseia-se na ideia de que as pessoas se envolverão mais com as preocupações ecológicas e socioculturais do mundo através da experiência em primeira mão e, assim, serão mais activas na conservação e na mudança. A ideia evoluiu no final dos anos 80, a par da crescente sensibilização dos consumidores para as questões da conservação e do consumo. O turismo ambiental não é apenas uma aventura na natureza com o objetivo de salvar o planeta, mas também estende a lucrativa indústria das viagens aos países em desenvolvimento, onde os postos de trabalho são escassos e as economias se debatem com dificuldades. Embora os objectivos do turismo ambiental sejam bem intencionados, a prática não é isenta de consequências.

Quando as pessoas viajam para locais historicamente habitados de forma heterogénea, a presença de novas e maiores populações tem inevitavelmente um impacto no ambiente e na cultura do local. O primeiro impacto no ambiente está relacionado com a deslocação para o destino. Viajar para locais remotos onde a vida selvagem prospera pode ser dispendioso para o ambiente, consumindo por vezes mais combustível do que umas férias normais. O alojamento e a vida local têm um impacto adicional no ambiente local. A construção de novos alojamentos implica frequentemente a destruição de um ecossistema natural, e a introdução de um estilo de vida ocidental num país em desenvolvimento implica muitas vezes a eliminação inadequada de quantidades crescentes de resíduos. Do ponto de vista sociocultural, o turismo ambiental pode colocar o problema da deslocação das populações e dos seus recursos, bem como dificultar e pôr em causa os seus costumes quotidianos, introduzindo novas dificuldades e novas culturas.

O turismo ambiental pode ter o efeito adicional de criar economias mais sustentáveis em locais onde, sem o turismo ambiental, a exploração de recursos seria o único outro motor económico. O turismo ambiental pode substituir a exploração mineira, a exploração florestal e a agricultura comercial em zonas ecologicamente sensíveis. O turismo ambiental pode preservar a diversidade natural e cultural, oferecendo aos viajantes uma janela para um novo mundo de uma forma não intrusiva. Muitos países em desenvolvimento estão a recorrer ao turismo ambiental para criar uma indústria sustentável que requer um desenvolvimento mínimo. O turismo ambiental tornou-se um segmento importante da indústria do turismo, que está a crescer muito rapidamente. Para garantir que o turismo ambiental é ecologicamente sustentável, foram desenvolvidos regimes regulamentares que estabelecem critérios para o que pode ser considerado ecoturismo. Isto pode ajudar os consumidores a saber se o seu programa de férias ecológico é realmente o que afirma ser.

-I- **Turismo urbano**

O turismo urbano é um termo utilizado para descrever uma vasta gama de actividades turísticas em que as cidades são o principal destino e foco. Esta forma de turismo é relativamente antiga e muito complexa. As cidades sempre foram o foco de muitas viagens, embora se tenham tornado um fenómeno cada vez mais popular a partir da década de 1950. Como objeto de investigação, o turismo urbano não existia até aos anos 80 e 90, altura em que foi largamente subestimado. O turismo nas cidades está intimamente ligado ao seu crescimento e ao desenvolvimento tecnológico (estradas, transportes, caminhos-de-ferro, etc.). As deslocações para as cidades tornaram-se mais fáceis, mais rápidas e, em muitos casos, mais baratas do que há algumas décadas. O facto importante é que a consciência das oportunidades oferecidas pelo turismo urbano tem aumentado consideravelmente ao longo dos anos.

O turismo tem a ver com lazer e diversão, e as pessoas gostam de visitar locais e eventos que lhes possam oferecer oportunidades de lazer e diversão. Estes locais e acontecimentos de interesse podem ser naturais, culturais ou artificiais (acontecimentos e situações criados pelo homem). Deste ponto de vista, os tipos de turismo podem ser classificados nas seguintes categorias

(a) **Turismo natural ou ecoturismo:** diz respeito à beleza de locais naturais ou artificiais, como grutas, planaltos, montanhas, cascatas, rochas e outras atracções naturais, como a vida selvagem, os recursos hídricos e os recursos terrestres. O ecoturismo implica viajar para áreas naturais para compreender a cultura e a história natural do ambiente, tendo o cuidado de não alterar a integridade do ecossistema e de criar oportunidades económicas que tornem a conservação dos recursos naturais benéfica para a população local.

(b) **Turismo cultural:** Refere-se aos benefícios culturais e à singularidade de um povo, quer sejam criados pelo homem ou herdados. As danças, a música, os costumes, o vestuário, os monumentos históricos, as imagens, as artes e ofícios, as festas como o New Yam, as reuniões religiosas tradicionais, os casamentos e funerais tradicionais, etc., fazem parte do património cultural de um povo que pode constituir uma fonte de atracções turísticas.

(c) Turismo artificial: turismo baseado na criação humana ou em inovações tecnológicas nos domínios do entretenimento (cinemas, teatros, parques, museus e outros centros de entretenimento), desporto e lazer (piscinas, clubes desportivos, clubes sociais e outros centros de lazer), alojamento (hotéis, motéis, pensões e parques de campismo), restaurantes, hotéis e meios de transporte, tais como agências de viagens, operadores turísticos e centros de informação turística, etc. (Ezema, 1993 e Okoli, 2003).

Com base nesta categorização, o inventário das atracções turísticas na Nigéria pode ser resumido da seguinte forma:

(1) **Seleção de atracções naturais na Nigéria:** Abuja (Aso Rock, Obudu Guarar Falls), Akwa Ibom (Ibeno-Pkerete Beach, Nwanibo Hills), Bauchi (Yankari Games Reserves), Anambra (Udi Hill), Cross River (Zuma Rock, Kwa Falls, Ranch Resort, Oban Hills e Erin-Ijasha Water Falls), Enugu (Kogosi Warm Spring), Jos (Watse Rock), Kogi (Owu-Water Falls), Lagos (Lekki Beach), Ogun (Olumo Rock), Ondo (Bar Beach), Plateau (Assopt Water Falls, Wildlife Resort), Taraba (Mambila Plateau).

(2) **Atracções construídas :** Cross River (Casa de Mary Slessor, Marina Resort e Casa Ekpo Ekpo Bassey em Calabar), Kebbi (arquitetura tradicional) e Lagos (Edifício First Storey,

Museu Nacional e Casa dos Escravos).

(3) **Atracções sociais e culturais seleccionadas:** Akwa Ibom (Ekpo, Ekpri Akata e Raffia City), Cross River (Edele Dance- Itigidi, Mary Slessor Play- Akpap Okoyong, Mgbe Cult, Mnikom Dance, Ekeledi Dance e New Yam Festivals), e Plateau (Vwana Dance e Ngaraguta Leather Work) (Ekut *et al.*, 2012).

Outros são os antigos túmulos de Raheh e Yamtarawala e o parque/zoológico de Kyarini no Estado de Borno, as cataratas de Gurara no Estado do Níger e as antigas muralhas da cidade de Kano. Outros são o edifício do mercado de mercadorias da Royal Niger Company em Kreigiani, perto de Omoku no Estado de Rivers, a barragem de Kiri e a atração natural de Zuig no Estado de Adamawa, as cascatas de Assop no Estado de Plateau, as cascatas de Owu no Estado de Benue e o Museu de Benim, a estátua de Emotan, o antigo palácio do Oba de Benim no Estado de Edo, etc.

O problema é como esses atrativos são explorados, desenvolvidos e promovidos para o estado, o governo federal, os potenciais turistas e as comunidades que os acolhem. É aqui que residem os desafios.

1.15 Obstáculos ao desenvolvimento e à promoção do turismo na Nigéria

O facto de o turismo na Nigéria não ter atingido o nível esperado em comparação com outros países africanos, como o Quénia, o Ruanda, a África do Sul e outros países desenvolvidos, pode ser atribuído aos seguintes factores

(1) A imagem negativa da Nigéria a nível internacional

O turismo prospera num ambiente amigável, tanto para os próprios turistas como para os investidores no sector do turismo. É lamentável que a imagem internacional da Nigéria continue a deteriorar-se mais rapidamente devido à insegurança que reina no país. Entre os exemplos de insurreição contam-se os criados pelos militantes no Delta do Níger, os raptos em todo o país, os ataques do Boko Haram e outras vagas de criminalidade em todo o país. As crises religiosas no país, os conflitos étnicos ou comunais, as crises e a violência, bem como a incoerência das políticas e regulamentos governamentais, afugentam muitos turistas e investidores no sector do turismo. A isto juntam-se os casos de corrupção, fraude (casos "419"), assaltos à mão armada e controlos policiais/segurança aqui e ali, como se o país estivesse em guerra ou em estado de emergência, com elevados níveis de corrupção e agressão contra visitantes ou turistas, o que constitui um obstáculo adicional, uma vez que nenhuma pessoa ou empresa gostaria de investir num ambiente insalubre.

(2) Políticas macroeconómicas instáveis

A elevada taxa de inflação no país, combinada com a instabilidade e o aumento dos diferenciais da taxa de câmbio entre a moeda nigeriana (a naira) e as moedas de outros países, como o dólar americano, a libra esterlina ou o euro, bem como a incerteza das taxas de juro e as políticas monetárias e fiscais contraditórias do Banco Central da Nigéria e do Governo nigeriano, estão a afastar muitos investidores e turistas do país. Em consequência destas instabilidades, os investidores no sector do turismo que teriam feito investimentos a longo prazo são dissuadidos de o fazer em favor de investimentos a curto prazo que pouco podem fazer para promover o turismo na Nigéria.

(3) Fundações de infra-estruturas inadequadas

É engraçado notar que, até à data, a Nigéria se debate com infra-estruturas sociais como boas estradas com motor, eletricidade constante, água canalizada e portátil, meios de comunicação constantes, bom saneamento e outras forças sociais que são pré-requisitos para melhorar o turismo. A maioria dos centros turísticos sofre de falta destas infra-estruturas sociais, enquanto os que as têm funcionam a custos muito exorbitantes, o que desencoraja o turismo e as visitas turísticas.

(4) Problemas financeiros

O turismo é um luxo e uma atividade voluntária que muitos nigerianos pobres não podem pagar. Até há pouco tempo, a participação era limitada a um número restrito de pessoas que podiam dar-se ao luxo de viajar por prazer e lazer, tanto em termos de tempo como de dinheiro. Ainda há muitos nigerianos que desejam fazer turismo pelos seus benefícios sociais, mas não podem pagar por causa da sua pobreza, enquanto a maioria dos nigerianos que têm os meios financeiros para o fazer, seja por ignorância dos benefícios do turismo, por medo do desconhecido (como raptos, assaltos à mão armada e outros vícios sociais), ou por falta de tempo para ganhar mais dinheiro, não o fazem. Como resultado, muitos centros turísticos são mal geridos e não dispõem dos fundos necessários para os promover e desenvolver. Em alguns casos, a maioria dos centros turísticos estatais morre mais rapidamente por falta de fundos do governo que os detém, devido à instabilidade política, à ignorância, à ganância e à corrupção, entre outros factores.

(5) Falta de sensibilização das comunidades locais

Algumas comunidades locais na Nigéria, onde estão localizadas algumas atracções turísticas, ainda não estão conscientes da importância do turismo e dos seus benefícios para elas, para o governo e para os turistas (existentes e potenciais). Para elas, estas são "coisas" criadas por Deus e nada mais e, como tal, pouco ou nada podem fazer para as desenvolver e promover em seu próprio benefício ou para estabelecer parcerias com investidores interessados. Para algumas comunidades, estes "centros naturais" não podem ser tocados ou vistos por pessoas de fora ou por mulheres, uma vez que são considerados espíritos, santuários, locais e eventos sagrados e devem ser respeitados. A tradição e as ideologias ou crenças culturais são, portanto, um travão ao desenvolvimento do turismo na Nigéria.

(6) Ameaça de extinção da flora e da fauna

Em muitas partes do país, a vida selvagem que poderia ser preservada e embalada para o turismo está a desaparecer rapidamente devido às ameaças que enfrenta. A exploração e produção de petróleo, as operações sísmicas e o calor e ruído incessantes estão a expulsar rapidamente muitos animais selvagens, como elefantes, gorilas, chimpanzés, macacos, gado selvagem e leões, dos seus habitats naturais e para longe de olhares indiscretos.

em locais desconhecidos. Noutras partes do país, a caça ilegal, os incessantes incêndios florestais durante os trabalhos agrícolas, a extração indiscriminada de madeira das florestas e outras actividades não ajudam a situação.

(7) Excesso de atenção às receitas do petróleo

A dependência dos governos federal, estatal e local das receitas do petróleo, através da atribuição e partilha das receitas mensais ou dos "excedentes de petróleo bruto", está a matar e a subdesenvolver o sector do turismo na Nigéria. Devido à garantia constante de que o dinheiro deve chegar à bolsa do governo em questão no final do mês por pouco ou nenhum trabalho feito, a maioria dos gestores destes níveis de governo não vê razão para gastar dinheiro e tempo a investir noutros sectores como o turismo, com os seus benefícios para eles, mesmo quando o potencial existe para ser explorado. Consequentemente, os novos sectores não são desenvolvidos, enquanto os sectores existentes morrem rapidamente por falta de apoio, financiamento, patrocínio e atenção. De todos estes pontos de vista, o desenvolvimento do turismo na Nigéria continua a enfrentar problemas devido, entre outros, à falta de mão de obra, à fraca aplicação das leis ambientais contra os caçadores furtivos, ao comércio de espécies ameaçadas, à fraca coordenação e gestão dos centros e políticas de turismo, à inacessibilidade dos locais de atração turística, ao financiamento inadequado e à falta de infra-estruturas (Anijah, 2001).

Outros factores incluem políticas governamentais incoerentes neste e noutros sectores da economia, instabilidade política e um estado geral de incerteza que está a levar muitos investidores no sector do turismo a abandonar o país, para não falar da má imagem internacional do país no estrangeiro. A degradação do ambiente na maioria das cidades do país desencoraja a maioria dos turistas estrangeiros. As lixeiras nas cidades, as paisagens urbanas em ruínas, a poluição sonora, os sistemas de transporte e de comunicação pouco fiáveis, as péssimas estradas e os postos de controlo da polícia não ajudam.

1.16 Os benefícios do turismo

Os principais benefícios do turismo são económicos, socioculturais e ambientais.

-I- **Benefícios económicos**: O turismo pode proporcionar emprego direto à comunidade, como guias turísticos ou empregadas de hotelaria. O emprego indireto é gerado por outras indústrias, como a agricultura, a produção alimentar e o comércio a retalho.

As despesas dos visitantes geram rendimentos para a comunidade local e podem ajudar a reduzir a pobreza nos países que dependem fortemente do turismo. A diversificação económica é importante para as regiões onde se concentram indústrias prejudiciais ao ambiente, como a mineração ou a indústria transformadora.

O desenvolvimento de infra-estruturas como aeroportos, estradas, escolas, hospitais e zonas comerciais pode beneficiar a comunidade local e incentivar o desenvolvimento económico, permitindo um maior comércio e um melhor fluxo de bens e serviços.

-I- **Benefícios sociais:** O turismo pode trazer um verdadeiro sentimento de orgulho e identidade às comunidades.

-I- **Benefícios ambientais :** O turismo apoia financeiramente a conservação dos ecossistemas e a gestão dos recursos naturais, tornando o destino mais autêntico e atrativo para os visitantes. Além disso, valoriza o turismo local.

As outras contribuições do turismo para o desenvolvimento socioeconómico de uma nação, tal como resumidas por Bullen *et al.* (2011), são as seguintes

(a) O turismo estimula o investimento em infra-estruturas e, consequentemente, foram melhorados equipamentos sociais como estradas, aeroportos, redes de comunicação, eletricidade, água potável e outros equipamentos sociais em algumas das comunidades onde se situam as atracções turísticas. O objetivo destas melhorias é garantir o conforto dos turistas e visitantes. A presença destes equipamentos sociais contribuiu muito para melhorar o nível de vida dos turistas e das colectividades em causa.

(b) Dinamização de sectores como a hotelaria, a restauração, os sistemas de transporte, as lembranças, o artesanato e os serviços de guia.

(c) Receitas substanciais para o governo através da tributação de eventos como o Campeonato do Mundo, os Jogos Olímpicos, a Taça das Nações Africanas, o concurso de Miss Mundo, etc.

(d) Uma fonte de diversificação da economia local, em particular nas zonas rurais onde o emprego agrícola pode ser esporádico ou insuficiente, e um travão ao êxodo rural, uma vez que o desenvolvimento do turismo é acompanhado pela criação de infra-estruturas sociais que manterão os migrantes nas zonas urbanas, com as consequências socioeconómicas que isso implica tanto para as zonas rurais como para as urbanas.

(e) O turismo também promove a consciencialização intercultural e a amizade pessoal entre turistas e pessoas, comunidades e nações. Estimula a melhoria dos transportes e das comunicações, bem como a economia rural e o reforço da compreensão internacional e da paz mundial.

1.17 Desenvolvimento do turismo sustentável

O planeamento do turismo exige sustentabilidade porque o seu crescimento exerce geralmente uma pressão crescente sobre o ambiente natural, cultural e socioeconómico do destino. É de notar que a sustentabilidade tem uma dimensão económica para além das suas dimensões social e ambiental. O desenvolvimento do turismo sustentável, tal como definido pela OMT

(2004), consiste em satisfazer as necessidades actuais dos turistas e das regiões de acolhimento, protegendo e aumentando as oportunidades para o futuro. O turismo sustentável tem três aspectos interligados: ambiental, sociocultural e económico.

A sustentabilidade implica permanência, a utilização óptima dos recursos, incluindo a diversidade biológica, a minimização dos impactos ecológicos, culturais e sociais e a maximização dos benefícios para a conservação e as comunidades locais. Refere-se igualmente às estruturas de gestão necessárias para atingir este objetivo. Por conseguinte, para assegurar o desenvolvimento sustentável do turismo na Nigéria, deve haver segurança adequada tanto para os turistas como para os residentes das comunidades de acolhimento; as infra-estruturas devem ser facilmente acessíveis, tal como os recursos humanos e o capital. A sustentabilidade também inclui o impacto socioeconómico da indústria no bem-estar dos cidadãos do país.

O impacto socioeconómico do turismo num país reflecte-se na sua contribuição para o PIB (produto interno bruto) e para o bem-estar social dos cidadãos de um determinado país, em termos de melhoria do nível de vida, do emprego e das condições de progresso económico e social. Em 2002, por exemplo, o turismo gerou cerca de 199 milhões de empregos, ou seja, um em cada 13 empregos no mundo. O Conselho Mundial de Viagens e Turismo (WTTC) estima que o turismo contribuiu com 9,2% para o PIB mundial e prevê que venha a contribuir com 9,4%, com uma taxa de crescimento superior a 4% ao ano nos próximos dez anos (WTTC, 2010). Na Austrália, o turismo contribui diretamente para a economia com 40 639 milhões de dólares do PIB, representando 3,6% do PIB total e 4,7% do emprego total (Australian Bureau of Statistics, 2009).

Na Nigéria, a contribuição para as receitas públicas das taxas cobradas ao sector da hotelaria e restauração (taxas de registo e outras) atingiu 1 149 milhões de euros em 2004, tendo sido gerados 100 milhões de euros em 2009. O imposto sobre as sociedades gerou ainda 313 milhões de euros. Em 2011, o sector contribuiu com 1 232,2 mil milhões de euros (3,3%) para o PIB da Nigéria. No seu relatório, a WITC prevê que o sector criará 897 500 postos de trabalho, ou seja, 1,4% da mão de obra total da Nigéria em 2012, e que, nos próximos 10 anos, o montante deverá crescer 6,5% por ano para atingir 483,4 mil milhões de euros em 2022. Tendo em conta o que precede, a única forma de ter um turismo sustentável é desenvolver todos os sítios turísticos negligenciados na Nigéria. Isto resultaria num aumento da contribuição para o produto interno bruto, na criação de emprego e na melhoria do progresso económico e social na Nigéria e em África como um todo.

1.18 O papel do turismo no desenvolvimento económico

Os papéis do turismo no desenvolvimento económico de uma nação são numerosos e não podem ser exagerados. Kinwar (2002) observa que a indústria do turismo se tornou um gerador de emprego, tanto orientado para os serviços como para os produtos, no sentido em que as pessoas são empregadas para prestar serviços aos turistas. Isto traduz-se num aumento do rendimento através da criação de emprego, o que, em última análise, aumenta o nível de vida da população. Sublinhou ainda que a diversificação de várias novas actividades económicas pode atenuar o grande problema social do desemprego. Para que o turismo se desenvolva eficazmente, é necessário desenvolver infra-estruturas como estradas, hotéis, eletricidade e canalizações de água, entre outras. Um dos potenciais do turismo bem planeado e bem gerido é trazer benefícios económicos às comunidades de acolhimento, contribuir para a redução da pobreza e preservar os bens naturais e culturais.

O turismo tem também outras vantagens:

- Trazer rendimentos e diversificação para as comunidades rurais. A moeda estrangeira permanece na economia local.

- As receitas fiscais dos estrangeiros podem ser utilizadas para desenvolver certas instalações, como piscinas, campos de golfe, restaurantes e centros comerciais.
- Os residentes da comunidade de acolhimento interessar-se-ão por alguns dos eventos planeados para os turistas.
- Atrai indústrias devido à qualidade dos serviços e dos recursos recreativos que oferece.
- Os estrangeiros podem tornar-se residentes permanentes se o país for agradável para viver.

No entanto, apesar de todas estas vantagens, algumas desvantagens continuam a afetar o desenvolvimento do turismo. Estas desvantagens são as seguintes

- Trata-se de uma atividade de capital intensivo.
- Pressões sobre os serviços públicos.
- Isto requer promoção, marketing e tempo.

1.19 Oportunidades emergentes para o desenvolvimento do turismo na Nigéria

Até à data, o turismo tem sido uma fonte de rendimento e de melhoria do bem-estar das populações locais nas zonas de destino, oportunidades de emprego, receitas para a nação e para os investidores no negócio, um alívio do stress e um contributo para o lazer e a diversão dos turistas, entre outros benefícios, como o desenvolvimento de infra-estruturas sociais para as comunidades que acolhem atracções ou centros turísticos. O turismo, que ajuda a promover o ambiente e a cultura das comunidades locais, deve ser sustentável.

Para que a indústria do turismo seja sustentável, promova o desenvolvimento socioeconómico da nação nigeriana e beneficie todas as partes interessadas (investidores, comunidades, governo, financiadores e todos os outros grupos de interesse), as recomendações feitas pela Organização Mundial do Turismo (1999) devem ser consideradas e adoptadas na Nigéria. Centrando-se na África Subsariana, a Organização Mundial do Turismo sugere que as autoridades locais devem considerar os seguintes elementos ao desenvolver o turismo na região:

1. Melhoria da conservação e interpretação das zonas naturais e da biodiversidade que lhes está associada, bem como dos sítios paleontológicos, arqueológicos e históricos em muitos locais.
2. Maior ênfase no desenvolvimento do turismo urbano.
3. Melhorar as instalações turísticas, os serviços, a saúde e a segurança públicas e as infra-estruturas em muitos locais.
4. Incentivar as comunidades locais a envolverem-se e a participarem mais no turismo.
5. Garantir a disponibilidade de terrenos onde e quando forem necessários, de forma equitativa, para o desenvolvimento do turismo.
6. melhorar a educação e a formação do pessoal para que este possa trabalhar eficazmente em todos os aspectos do turismo e aumentar a sensibilização do público para o turismo; e
7. Melhorar o quadro institucional para financiar o desenvolvimento do turismo e gerir o sector do turismo.

Acreditamos que, quando estas sugestões e outras já apresentadas forem contextualizadas e todos os outros intervenientes no turismo fizerem o que está certo, no momento certo e no lugar certo, tudo o que for igual, o turismo irá realmente melhorar o desenvolvimento socioeconómico da Nigéria e acrescentar valor ao Produto Interno Bruto do país ou Rendimento Nacional (RN). Estas partes interessadas incluem os governos federal, estatal e local e as respectivas agências, os investidores privados e públicos no desenvolvimento e promoção do turismo, tanto locais como internacionais, as instituições financeiras dentro e fora do país, as comunidades locais onde se situam estas atracções turísticas, os meios de comunicação social e outros grupos de interesse no sector.

O turismo tem um futuro brilhante na Nigéria e tem muitas perspectivas. Com efeito, muitos turistas são hoje mais ativa física e intelectualmente do que nunca, desejando participar em actividades recreativas, desportivas e de aventura e aprender sobre a história, a cultura, o ambiente natural e a flora e fauna das regiões que visitam. Cada vez mais turistas querem seguir os seus interesses e hobbies específicos nos domínios da natureza, da história e da cultura, das actividades económicas e dos interesses profissionais. O turismo de raízes, em que os turistas visitam as suas casas ancestrais, e o turismo de nostalgia, em que as pessoas visitam locais a que elas ou o seu país estiveram associados no passado, estão a ganhar importância. É o caso do turismo religioso, em que muitas pessoas, dentro e fora do país, visitam os locais sagrados da nação.

A isto juntam-se os casos em que mais turistas se preocupam em preservar e melhorar a sua saúde e em que mais turistas procuram novos destinos e novos produtos turísticos, enquanto outros fazem férias mais frequentes mas mais curtas ao longo do ano. Há mais pessoas idosas e reformados activos, muitos deles ricos, a viajar. Os turistas estão a tornar-se mais experientes e sofisticados nos seus hábitos de viagem e esperam atracções, instalações e serviços de boa qualidade, bem como uma boa relação qualidade/preço nas suas despesas de viagem. Muitos empresários viajam em negócios ou participam diariamente em reuniões e conferências internacionais, enquanto passam férias no estrangeiro.

Os turistas são cada vez mais sensíveis às questões ambientais e sociais e procuram destinos turísticos bem concebidos e menos poluídos, afastando-se de destinos mal planeados e com problemas ambientais e sociais. As estâncias turísticas mais antigas estão a ser modernizadas e revitalizadas para responder às expectativas dos turistas de hoje, sendo esta renovação efectuada de forma cuidadosamente planeada. Por último, o sector do turismo está a utilizar cada vez mais as tecnologias modernas, como a Internet, em áreas como os serviços de reserva, o marketing e outras áreas potenciais. O que é necessário é criar um ambiente propício para que o sector do turismo se desenvolva, melhore e contribua grandemente para o desenvolvimento socioeconómico da Nigéria, e este é o desafio que se coloca a todos os intervenientes no sector do turismo na Nigéria.

1.20 Distinção entre turismo interno e externo

Os estudos de turismo distinguem frequentemente entre turismo recetor e turismo emissor. Ao estudar os factores que determinam o turismo recetor, o analista está interessado nesses factores na medida em que influenciam a decisão dos turistas do resto do mundo de solicitar serviços turísticos à economia nacional. O turismo emissor, por outro lado, diz respeito à procura, por parte dos residentes de uma economia nacional, de serviços turísticos de outros países, para além dos seus próprios serviços turísticos.

Song *et al* (2010) afirmam que existe uma vasta gama de factores que podem influenciar a procura turística. Estes incluem factores económicos, comportamentais e políticos. Do ponto de vista económico, argumentam que o rendimento e os preços desempenham um papel fundamental na influência da procura turística. Este ponto de vista é apoiado por Crouch (2011), que defende que o rendimento é a mais importante de todas as variáveis explicativas que influenciam a procura turística. Crouch (2011) afirma que a elasticidade do rendimento é geralmente superior à unidade, mas é normalmente inferior a dois. Restringir a elasticidade a menos de dois implica que as viagens internacionais são vistas como um luxo a que se pode sempre renunciar quando os rendimentos diminuem. Crouch (2011) também acredita que a variável preço deve incluir os preços dos produtos e serviços turísticos, tanto para o destino como para destinos substitutos.

Num outro artigo, Song *et al* (2009) reconhecem que, de acordo com a teoria da procura, os factores mais importantes que determinam o orçamento de um turista são os preços dos produtos/serviços turísticos e o rendimento do turista. Afirmam que esta teoria é apoiada por estudos empíricos que concluíram que o rendimento do país ou região de origem, o preço próprio de um determinado destino e os preços de substituição de destinos considerados como alternativas para um turista são os principais determinantes.

1.21 Factores de atração para as chegadas de turistas internacionais

Alguns autores analisaram igualmente um certo número de factores de atração que têm um impacto nas chegadas de turistas internacionais. Estes factores incluem a natureza, o nível de preços, a segurança, as infra-estruturas e os níveis de educação de um país de destino. Além disso, as actividades de entretenimento e os locais turísticos do país de destino desempenham um papel crucial na tomada de decisões do turismo internacional. Estes incluem a qualidade dos bares, das praias, das instalações desportivas, a quantidade e a qualidade do alojamento, os locais de memória e os museus (Vietze, 2010).

Os níveis de investimento de um país no sector do turismo são um bom indicador da qualidade e quantidade das suas infra-estruturas turísticas.

Papatheodorou (2001), citado por Giacomelli (2006), afirma que as características de um determinado destino turístico podem ser divididas em duas categorias: atracções e instalações. As atracções incluem as características cuja quantidade depende das características naturais e históricas do destino. A componente "equipamentos" engloba as características que são o resultado de acções e esforços humanos (ou seja, infra-estruturas turísticas, serviços de entretenimento, etc.).

Tendo em conta o papel destes factores, conclui-se que "os indivíduos racionais procuram maximizar a sua função de utilidade turística definida no espaço das características. Por último, os indivíduos são condicionados por considerações orçamentais" (Giacomelli, 2006).

1.22 Resumo e conclusão

O sector agrícola é o principal empregador da mão de obra rural. Melhorar o valor comercial da agricultura conduziria certamente a uma mudança agrária séria que teria um impacto no maior número de pessoas e no sector rural. A agroindústria é considerada como um verdadeiro instrumento de desenvolvimento rural, uma vez que as ligações entre as explorações e as outras actividades criam empregos, aumentam os rendimentos, reduzem a pobreza e promovem o turismo. Para que o país possa estar entre as 20 nações economicamente mais avançadas em 2020, deve ser dada especial atenção ao desenvolvimento da agroindústria.

1.23 Recomendações

As sugestões que se seguem são necessárias para o desenvolvimento da agroindústria:

1. Deve ser financiada a campanha de esclarecimento dos nigerianos sobre a importância da indústria do turismo para o bem-estar socioeconómico dos cidadãos e a sua contribuição para a economia nacional.
2. A atitude dos nigerianos tem de mudar se quisermos que o turismo se torne favorável.
3. A produção de dados para o planeamento da indústria é vital para a sua sobrevivência e deve, portanto, ser realizada.
4. A vontade política e a necessidade de legislar e regulamentar o sector devem ser prosseguidas, a fim de acompanhar as tendências e as melhores práticas mundiais.
5. O sector privado deve ser encorajado no processo de reforma, de modo a que a indústria seja impulsionada pelo sector privado.
6. Para garantir a segurança dos recursos e dos consumidores, é necessário criar uma polícia do turismo.
7. O sector financeiro, ou seja, os subsectores bancário e dos seguros, deve participar no financiamento da indústria, uma vez que os investimentos são de capital intensivo.
8. A adoção de uma abordagem de marketing de nicho deverá ser decisiva para o sucesso da

estratégia de marketing a adotar e, consequentemente, para o desenvolvimento do turismo no país.

9. Os segmentos de mercado potenciais a desenvolver devem ser os de lazer (pessoas que procuram novas experiências, diáspora nigeriana, interesses especiais, comunidade de expatriados, férias em família), conferências e reuniões, visitas de amigos e familiares (VFR), desporto religioso e outros eventos.

10. As agências do governo federal responsáveis pelo desenvolvimento do turismo devem adotar uma abordagem mais amigável em relação à aplicação da lei, que pode não ser muito amigável com os Estados, mas devem dialogar e colaborar para garantir o êxito dos esforços de desenvolvimento.

2 Referências

Ajiah-Obi, F.N. (2001). Proteção e gestão do ambiente: Planeamento, processos e estratégias. Calabar: Clear Lines Publications.

Anyanwu, J.C. (1997). Nigerian Public Finance. Joanne Educational Publishers, Onitsha.

Archibong, M. (2004). "Nigéria: Mina de ouro à espera de ser explorada". The Sun Online. The Sun Publishing Ltd.

Gabinete Australiano de Estatísticas. (2009). Tendências sociais australianas, setembro de 2009, Catálogo. thNo. 4102.0, Camberra, acedido em 8 de dezembro de 2014.

Ayalew, M. (2013). "Segurança alimentar, fome e fome".

Boeing, G. (2016). "Como nossos bairros perderam alimentos e como eles podem recuperá-los". *Planejamento progressivo,* 206: 35-37. Acedido em 2016-10-12.

Bullen, A.G., Essien, C.K., e Akpama, S.I. (2011). "Tourism: A real tool for socio-economic development in Cross River State", Policy Alert. *Journal of Public Policy Analysis,* 4(1).

Butler, R.W. (2006). The Origins of the Tourism Area Life Cycle (As origens do ciclo de vida da área do turismo). Em Butler, R.W. (ed.) The Tourism Area Life Cycle: Applications and Modifications. Clevedon: Channel View Publications, 1: 13-26.

Butler, R.W. (2006). The Tourism Area Life Cycle: Conceptual and Theoretical Issues. Clevedon: Channel View Publications, 2: 49-66.

Crouch, G. (2011). Destination Competitiveness: An Analysis of Determinant Attributes (Competitividade do destino: uma análise dos atributos determinantes). *Journal of Travel Research,* 50(10): 27-45.

Davis, J.H. (1956). From agriculture to agribusiness. *Harvard Business Review,* 34 (1):

107115.

Dike, E. (1991). Economic Transformation in Nigeria: Growth, Accumulation and Technology (Transformação económica na Nigéria: crescimento, acumulação e tecnologia). Zaria, Nigéria. ABU Press.

Dunmoye, A. (1987). Crescimento agrícola e económico com particular referência aos países em desenvolvimento: uma revisão das teorias relevantes. Em Oculi, O. (1987). (ed.) Nigerian Alternatives. Zaria, Nigéria. ABU University Press.

Ecker e Breisinger (2012). *O sistema de segurança alimentar.* Washington, D.C.: Instituto Internacional de Investigação sobre Políticas Alimentares, 1-14.

Etuk, E.J., Eze, F.J., e Esu, B.B. (2012). "Marketing of Tourism Services in Nigeria: A Study with Special Reference to Cross River State". *Marketing Journal, Instituto Nacional de Marketing da Nigéria,* 1(1).

Ezema, I.C. (1993). "Uma abordagem integrada do desenvolvimento do turismo na Nigéria". Em Choker, B.A. (1993). (ed.) Environment and Tourism in Nigeria, Lagos: Biblioteca Nacional da Nigéria Dados de Catalogação na Publicação.

Organização das Nações Unidas para a Alimentação e a Agricultura (FAO). (1997), *"The food system and factors affecting household food security and nutrition". Agriculture, food and nutrition for Africa: a reference book for teachers of agriculture,* Roma: Agriculture and Consumer Protection Department. Acedido em 15 de outubro de 2013.

Organização das Nações Unidas para a Alimentação e a Agricultura (FAO). (2003), "The State of Food Security in the World, 2003".

Organização das Nações Unidas para a Alimentação e a Agricultura (FAO). (2003),*Trade reforms and food security:conceptualising the links.*FAO, UN.

Organização das Nações Unidas para a Alimentação e a Agricultura (FAO). (2009), Declaração da Cimeira Mundial da Alimentação sobre Segurança Alimentar. Roma: Organização das Nações Unidas para a Alimentação e a Agricultura.

Organização das Nações Unidas para a Alimentação e a Agricultura (FAO), Fundo Internacional de Desenvolvimento Agrícola (FIDA) e Programa Alimentar Mundial (PAM). (2012), The State of Food Insecurity in the World 2012. O crescimento económico é necessário mas não suficiente para acelerar a redução da fome e da malnutrição. Rome. FAO.

Organização das Nações Unidas para a Alimentação e a Agricultura (FAO). (2013), *"The State of Food Insecurity in the World 2013. As múltiplas dimensões da segurança alimentar".* FAO. Acedido em 26 de novembro de 2013.

Garrett, J. e Ruel, M. (1999). *Serão os determinantes da segurança alimentar e do estado nutricional rural e urbano diferentes? Some Insights from Mozambique.*Washington D.C.: International Food Policy Research Institute. Acedido em 15 de outubro de 2013.

Giacomelli, A. (2006). Demanda turística. *Tese (doutoramento).* Universidade de Insubria.

Godfray, H.C.J., Beddington, J.R., Crute, I.R., Haddad, L., Lawrence, D., Muir, J.F., Pretty, J., Robinson, S., Thomas, S.M. e Toulmin, C. (2010). *"Segurança alimentar: O desafio de alimentar 9 mil milhões de pessoas". Science,* 327(5967): 812-818. doi:10.1126/science.1185383.

Goldberg, R.A. e Davis, J.H. (1957). A Concept of Agribusiness. Boston: Division of Research, Graduate School of Business Administration, Harvard University, 14: 136.

Gregory, P.J., Ingram, J.S.I. e Brklacich, M. (2005). "Alterações climáticas e segurança alimentar". Transacções Filosóficas da Sociedade Real B: Ciências Biológicas. 360 (1463): 2139-2148. doi:10.1098/rstb.2005.1745.

Haruna, I.M. (2011). Crescimento e rendimento do sésamo *(Sesamum indicum L.)* afectados pelo estrume de aves, azoto e fósforo em Samaru, Nigéria. *J. Anim. Plant Sci.* 21 (4): 653-659.

Idachaba, F.S. (2000) "Food Policy in Nigeria". *Boletim de Investigação Agrícola,* 1 (162).

Kinwar, A. (2002). Princípios, práticas e filosofias do turismo. [rd](3 ed.). Columbus.

Long, L. (2004). Culinary Tourism. The University Press of Kentucky, 20.

Loring, P.A. e Gerlach, S.C. (2009). *"Alimentos, cultura e saúde humana no Alasca: uma abordagem de saúde integrativa para a segurança alimentar". Environmental Science and Policy,* 12(4): 466-478. doi:10.1016/j.envsci.2008.10.006.

Marchet, J.M., Nasir, J., Ramachandran, V., Shah, M.K., Tyler, G. e Zhao, L. (2001). Results of the Nigeria Firm Survey, Programa Regional de Desenvolvimento Empresarial, Região de África, Banco Mundial, Projeto para Revisão.

Mbanasor, J.A. (2012). "Retirando a pobreza na Nigéria: Desenvolvimento do Agronegócio". [st] *Palestra inaugural*, Universidade de Agricultura Michael Okpara, Umudike, 21 de novembro de 2012.

McKercher, B., Okumus, F. e Okumus, B. (2008). "Food Tourism as a Viable MarketSegment: It's all how you Cook the Numbers!". *Journal of Travel and Tourism Marketing*, 25 (2): 137-148.

Murphy, P.E. (1985). Tourism: A Community Approach. Nova Iorque e Londres: Methuen.

National Trust for Historic Preservation (Fundo Nacional para a Preservação Histórica). (2014). "Turismo de património.

Ng, D. e Siebert, J.W. (2009). Toward better Defining the Field of Agribusiness Management (Para uma melhor definição do campo da gestão do agronegócio). *International Food and Agribusiness Management Review,* 12 (4): 123142.

Instituto Nigeriano de Investigação Social e Económica (NISER). (1999), Characterisation of Industrial Demand for Major Agricultural Products in Nigeria. Ajakaiye, D.O. e Akande, S.O. (eds.) Nigerian Institute of Social and Economic Research, Ibadan, Nigéria.

Okoli, C.I.C. (2003). "Sustainable Entrepreneurship in the Tourism Sector: Challenges of the Nigerian Investment Environment" (Empreendedorismo Sustentável no Sector do Turismo: Desafios do Ambiente de Investimento Nigeriano). *Journal of Business and Social Science,* 11(1).

Olayide, S.O., Ogunfowora, O. Essang, S.M. e Idaachab, S.M. (1981). Elements of rural economics (Elementos de economia rural). Editora da Imprensa da Universidade de Ibadan.

Onyido, V. (2006). Leveraging research on productivity and efficiency". [thth]*Comunicação convidada apresentada na 5.ª Cimeira Agrícola do Grupo da Cimeira Económica da Nigéria, realizada no Le Meridien Hotel*, Abuja, em 9 e novembro de 2006.

Papatheodorou, A. (2001). Why People Travel to Different Places". *Annals of Tourism Research,* 8 (1): 164-179.

Patel, R. (2013). "Raj Patel: 'Soberania alimentar' é a próxima grande ideia". *Financial Times.*

Song, H., Li, G., Witt, S.F. e Fei, B. (2010). Modelação e previsão da procura turística: Como medir a procura? *Tourism Economics,* 16 (1) : 63-81.

Song, H., Yang, S. e Huang, G.Q. (2009). Interacções de preços entre o parque temático e o operador turístico. *Tourism Economics,* 15 (4): 813-824.

Song, H., Witt, S.F. e Li, G. (2009). Advanced econometrics of tourism demand. Londres: Routledge.

Sullivan, B.C. e Ikpeze, N. (1980). "Problem of industrial growth in Nigeria". Em Amucheazi, E.C. (ed.). Realings in Social Science Issues in National Development. Enugu, Fourth Dimension Publishing Co.

Revista Tell (2009). Avaliar a segurança alimentar na Nigéria. [rd]Lagos, 3 de agosto de 2009.

O Homem Sedento (2017). "Visitas culinárias".

Todaro, M.P. e Smith, S.C. (2011). Economic Development. Harlow-Essex, Inglaterra: Pearson Education Limited.

Tweeten, L. (1999). *"A economia da segurança alimentar global". Review of Agricultural Economics,* 21(2): 473-488. doi:10.2307/1349892.

Comité das Nações Unidas para os Direitos Económicos, Sociais e Culturais (UNCESCR). (1999), *The right to adequate food,* Genebra: Nações Unidas.

Organização das Nações Unidas para a Educação, a Ciência e a Cultura (UNESCO). (2007), Centro do Património Mundial: Colina de Oke Idanre.

Organização das Nações Unidas (ONU). (1994), Recommendations on tourism statistics. *Documentos estatísticos.* Nova Iorque: Nações Unidas, 83: 5.

Organização Mundial do Turismo das Nações Unidas (UNWTO). (1995), "UNWTO Technical Manual: Collection of Tourism Expenditure Statistics". Organização Mundial do Turismo
Organização, 10.

Departamento de Agricultura dos Estados Unidos (USDA). (2008), *"Food Security in the UnitedStates: Measuring Household Food Security".*USDA. Acedido em 2008-02-23.

Departamento de Agricultura dos Estados Unidos (USDA). (2013), *Serviço de Alimentação e Nutrição do USDA.* Arquivado do *original* (PDF) em 4 de novembro de 2013. Acedido em 1 de novembro de 2013.

Vietze, V.D. (2010). Os Determinantes do Turismo e seu Potencial para o Desenvolvimento Económico Sustentável: Evidências Empíricas. *Tese (Ph.D.).* Friedrich-Schiller-Universitat Jena.

Wolf, E. (2006). Culinary Tourism: The Hidden Harvest (Turismo Culinário: A Colheita Oculta). Kendall/Hunt Publishing.

Organização Mundial do Turismo (OMT). (1996), Tourism and Environmental Protection. Organização Mundial do Turismo, Madrid.

Organização Mundial do Turismo (OMT). (1996), Tourism and New Information Technologies. Organização Mundial do Turismo, Madrid.

Organização Mundial do Turismo (UNWTO). (2004), Sustainable Tourism Development: A Conceptual Definition. UNWTO Edition 2004, Roma.

Conselho Mundial de Viagens e Turismo (WTTC). (2007), The Travel and Tourism Competitiveness Report 2007: Continuing the process of economic development. Fórum Económico Mundial. Genebra, Suíça.

Conselho Mundial das Viagens e do Turismo (WTTC). (2010), Tourism Economic Research 2010, World Travel & Tourism Council, Londres.

MIX
Papier aus verantwortungsvollen Quellen
Paper from responsible sources
FSC® C105338

Printed by Books on Demand GmbH, Norderstedt / Germany